我的第一本科学漫画书

科学实验王

升级版

KEXUE SHIYAN WANG

35 生态与环境
SHENGTAI YU HUANJING

［韩］故事工厂 / 著
［韩］弘钟贤 / 绘
徐月珠 / 译

21 二十一世纪出版社集团
21st Century Publishing Group

通过实验培养创新思考能力

少年儿童的科学教育是关系到民族兴衰的大事。教育家陶行知早就谈到："科学要从小教起。我们要造就一个科学的民族，必要在民族的嫩芽——儿童——上去加工培植。"但是现代科学教育因受升学和考试压力的影响，始终无法摆脱以死记硬背为主的架构，我们也因此在培养有创新思考能力的科学人才方面，收效不是很理想。

在这样的现实环境下，强调实验的科学漫画《科学实验王》的出现，对老师、家长和学生而言，是件令人高兴的事。

现在的科学教育强调"做科学"，注重科学实验，而科学教育也必须贴近孩子们的生活，才能培养孩子们对科学的兴趣，发展他们与生俱来的探索未知世界的好奇心。《科学实验王》这套书正是符合了现代科学教育理念的。它不仅以孩子们喜闻乐见的漫画形式向他们传递了一般科学常识，更通过实验比赛和借此成长的主角间有趣的故事情节，让孩子们在快乐中接触平时看似艰深的科学领域，进而享受其中的乐趣，乐于用科学知识解释现象，解决问题。实验用到的器材多来自孩子们的日常生活，便于操作，例如水煮蛋、生鸡蛋、签字笔、绳子等；实验内容也涵盖了日常生活中经常应用的科学常识，为中学相关内容的学习打下基础。

回想我自己的少年儿童时代，跟现在是很不一样的。我到了初中二年级才接触到物理知识，初中三年级才上化学课。真羡慕现在的孩子们，这套"科学漫画书"使他们更早地接触到科学知识，体验到动手实验的乐趣。希望孩子们能在《科学实验王》的轻松阅读中爱上科学实验，培养创新思考能力。

北京四中 _{物理教研组组长 物理高级教师} 厉璀琳

作者序

伟大发明大都来自科学实验!

　　所谓实验，是为了检验某种科学理论或假设而进行某种操作或进行某种活动，多指在特定条件下，通过某种操作使实验对象产生变化，观察现象，并分析其变化原因。许多科学家利用实验学习各种理论，或是将自己的假设加以证实。因此实验也常常衍生出伟大的发现和发明。

　　人们曾认为炼金术可以利用石头或铁等制作黄金。以发现"万有引力定律"闻名的艾萨克·牛顿（Isaac Newton）不仅是一位物理学家，也是一位炼金术士；而据说出现于"哈利·波特"系列中的尼可·勒梅（Nicholas Flamel），也是以历史上实际存在的炼金术士为原型。虽然炼金术最终还是宣告失败，但在此过程中经过无数挑战和失败所累积的知识，却进而催生了一门新的学问——化学。无论是想要验证、挑战还是推翻科学理论，都必须从实验着手。

　　主角范小宇是个虽然对读书和科学毫无兴趣，但在日常生活中却能不知不觉灵活运用科学理论的顽皮小学生。学校自从开设了实验社之后，便开始经历一连串的意外事件。对科学实验毫无所知的他能否克服重重困难，真正体会到科学实验的真谛，与实验社的其他成员一起，带领黎明小学实验社赢得全国大赛呢？请大家一起来体会动手做实验的乐趣吧！

目录

人物介绍

范小宇

所属单位： 韩国代表队B队

观察内容：

· 积极乐观、温暖贴心，是黎明小学实验社的活力来源。

· 在寻找不明声音来源的过程中得知了弗拉德的秘密。

观察结果： 丝毫不掩饰自己想成为最有魅力的男生的野心。

江士元

所属单位： 韩国代表队B队

观察内容：

· 真心喜欢实验并一直为队员操心的韩国代表队B队队长。

· 能冷静分析比赛新形势的分析家。

观察结果： 一直向往着完美无缺的实验，但经常会被朋友们引发的意外情况而打乱计划。

何聪明

所属单位： 韩国代表队B队

观察内容：

· 对竞赛的相关事宜及其他实验社成员的特征都了如指掌，是韩国代表队B队的情报专家。

· 不知不觉地开始在意其他人的想法。未能察觉自己转变时，经常陷入害羞的窘况中。

观察结果： 在实验和比赛之外，对小宇的举动都能做出犀利的分析。

罗心怡

所属单位： 韩国代表队B队

观察内容：

· 对任何人都很亲切，拥有一颗温暖的心，是黎明小学实验社的
　"万绿丛中一点红"。

· 因为窗外的怪声和神经兮兮的室友而彻夜难眠。

观察结果： 就连无意间暴露出的缺点都很可爱。

弗拉德

所属单位： 罗马尼亚代表队

观察内容：

· 在决赛过程中一直冷静地指挥团队，是罗马尼亚队的队长。

· 每到夜晚就不知去向，让朋友们感到忧心不已。

观察结果： 连擦肩而过的小生命都会悉心照顾的温暖男孩。

汤玛士

所属单位： 美国代表队A队

观察内容：

· 自信、乐观，在比赛过程中很冷静，是美国代表队A队队长。

· 完美理解实验的目的，瞬间扭转比赛局面。

观察结果： 凭借扎实的科学知识带动团队气氛的杰出战略家。

其他登场人物

❶ 因为害怕窗外怪声而睡不着的伊丽莎白。

❷ 确信美国代表队A队会夺得胜利的江临。

❸ 因为实验社两组人马都进入决赛而十分开心的金
　球老师。

前情提要

奥林匹克决赛竟然以参赛者自行挑选对手的方式进行！为了决定对战名单，大赛组委会举办了一场多米诺骨牌大赛。黎明小学实验社在心怡的指导下，一步步完成多米诺骨牌的搭建。过程中虽因一点儿失误而面临骨牌全数倒塌的危机，士元却凭借机智的判断和瞬间爆发力护住了骨牌。不过，当大家沉浸在大功告成的喜悦之时，却发现弄倒的是中国代表队A队的骨牌……

第一部

失眠的夜晚

嘎

为什么闹哄哄的？发生了什么事？

那个声音……是范小宇吧？

好像是呢！

没错，就是在决定决赛名单的对决战中，失手弄倒中国代表队A队骨牌的倒霉少年。

噗……

喂！我虽然看不到前面，但是耳朵还是很灵的！

侧耳

哼

汤玛士！本！阿迪尔！还有……

听到了吗？

被发现了。

你可以认出我的声音吗？

江临！

吓一跳

13

我一句话都没说！

你明明在心里嘲笑我！

别说这种伤感情的话！你可是我们队的恩人呢！要我掏心掏肺地来证明吗？

这是梦吧！

中国A

哼！我当时都看到了！

再说一次，我不是失误，而是一开始就锁定你了，明白了吧！

好好，就当是这样吧！

不过，你拿着行李干吗？是害怕决赛而打算逃走了吗？

才不是呢！

急忙跑来

小宇，我的行李！

啊……

心怡……

快放下来！我不是说了箱子我会自己搬的吗？

里面有太多重要物品了。

这种事就交给我吧！这箱子对柔弱的你来说太重了呀！

不用啦！我真的拿得动，放在这里就好。

呼

慌慌张张

马上就能帮你搬进房间了，相信我吧！

嗒

嗒

小宇!

正在上楼的这位同学，虽然不知道你是谁，但是可以请你靠右侧走吗？

塔塔

然后我往左侧……

摇摇晃晃

移动

顿住

什么?

笨蛋! 你也要靠右侧走才行!

摇晃

啊啊啊

啊! 完蛋了!

哗啦啦

咕碌碌

那个……我们做错什么事了吗？

不知道！聪明，你知道吗？

不清楚啊……

怎么可以随便乱碰女生的物品？你们真是太不懂女孩子了！

我……我没有乱碰……我只是……

一群笨男生！连这个都不懂吗？

想帮心怡而已……

呼——都收好了。

装好

谢谢你帮我守住了我的宝物箱。不过，你是……

啊……

你好，我是来自罗马尼亚的弗拉德。

身为绅士，本来就该保护女孩的隐私。

好帅呀！

油腔滑调！

心怡，我们赶快进房间去整理行李吧！

嗯！

朋友们，明天见。

心怡和伊丽莎白从今天起要住在同一个房间了呀？

嗯？这句话是什么意思？

在明天的决赛中，罗马尼亚队会对阵冠军候选队伍美国A队。

到时肯定是美国A队会赢！在决赛中落败的队伍不是马上会遭到淘汰吗？

罗马尼亚

美国

对呀，他们如果在决赛中落败，就会马上被淘汰！到时自然要打道回府。

咯噔一下

你们也会跟他们有相同的命运，在第一轮决赛中就被淘汰！

什么？谁说的？

勃然大怒

那边的中国队……

嗯？

22

除了中国队，其他人最后都会回到自己的国家，因为我们只是为了参加比赛才暂时聚在这里的啊！

当然我是不会明天就回去的，因为我有一定要留在这里的理由！不要随便下结论！

冷淡

砰

不寒而栗

真吓人。

这都怪你！竟然随口评断胜负！

就是呀，谁都不知道比赛结果会怎么样。

那你们呢？因为我说你们跟他有相同命运，你们就站在他那边了吗？

才不是呢！

不过，你们要去哪里？

时间不早了！该睡了！

23

哈哈哈

伙伴们，我先出门喽！宿舍前门见！

怎么这么早去？距离比赛开始还有一段时间呢……

停住

呵呵呵

过来一下，我只告诉你一个人。

什么？

昨天那件事让我醒悟了！心怡喜欢有礼貌的人，所以我也要展现出有礼貌的一面才行。

窃窃私语

你……

好好跟我学习吧，一群小鬼！

咔嗒

叹气……

又打算做什么怪事了……

什么？

25

呃……怎么一大早就看起来像是跟谁打了一架似的？

……安？

哇，是礼貌王子弗拉德哟！

早……

发生什么事了？一脸害怕的样子。是因为决赛很紧张吗？

弗拉德，你又彻夜未归吗？

忘了今天要进行决赛了吗？

又不是第一次参加比赛，居然会紧张成那样，看来礼貌王子比我想象中还胆小。

但我可是不会紧张的男子汉！

紧张

209

浑身发抖

不过，为什么一直想上厕所呢？

心怡不会因为昨天的事就对我的印象大打折扣吧？即使如此，看到我今天来护送，她应该也会很高兴的！

谁呀？

心怡，我是小宇。

是小宇啊……

吓一跳

开门……

28

不是的。昨晚一整夜都能听到窗外传来唰啦唰啦的声音，所以才会睡不着。伊丽莎白打开窗户时，外面就静悄悄的；一关上窗户，就又会出现那种声音。

唰啦唰啦的声音吗？我没听到呀！

我最讨厌超自然现象了……

打开就停止……关上又……

一点……

一点……

我要在比赛开始前再睡一会儿。小宇，回见！

打哈欠

一大早就被你吵醒。

嘎吱

不该是这样啊！

啊啊啊

碎

209

天哪，小宇！你真的好绅士！

别这么说，这不过是基本礼仪。

轰天……

本来想在心怡面前表现出帅气的一面……

29

嗯，好主意！
要坐在可以好好观看
实验的位子上，才不会
错过任何实验细节！

赶快出发吧！

等一下！比赛场地很吵，
我们要不要改去安静的个人
练习室里看实验直播呢？

嗯？

练习室？
直播？

韩……韩国队的成员都和蔼
可亲，彼此间感情很好……
想法又与众不同……

词不达意

现在是备战决赛的重要时刻，
所以待在个人练习室，我们
可以自由地交换意见。

我刚才想
说的也是
这个啊！

原来如此！

言之有理。

哦。

发火

实验 利用牛奶盒制作再生纸

　　牛奶盒如果没有分类回收，而是和一般垃圾一起埋在土里，要花20年时间才会腐烂降解。其实，牛奶盒和其他常见的纸类包装盒（如纸制鸡蛋盒、纸制隔热杯套等）一样，主要制作原料都是纸，所以都可以通过一些方法做成再生纸。下面我们就来做个实验，了解一下废纸回收再利用的过程。

准备物品：200mL 的牛奶盒 30 个 、彩纸 、报纸 、剪刀 、竹帘 、搅拌机 、脸盆 、水

实验步骤：

❶ 将牛奶盒沿着边线裁剪后展开放入热水中，浸泡 1 个小时以上。

❷ 牛奶盒纸片变软后，将它两面的塑料膜撕下来。

❸ 将步骤❷的牛奶盒纸片和水一起倒入搅拌机内打碎。

❹ 将步骤❸的搅拌物倒入脸盆中，再加入 2 升水。

❺ 将少量彩纸和水一起放入搅拌机内搅碎，然后倒在❹的脸盆内搅拌均匀，做成纸浆。

❻ 将竹帘浸泡在脸盆底部，再一边摇晃一边拿起，让纸浆均匀地沉淀在竹帘上。

❼ 将❻的竹帘翻过来放在纱布上，拿掉竹帘，再用报纸覆盖住纸浆吸除水分。

❽ 将纸浆放在通风良好的地方，直到完全风干。

❾ 将制作完成的再生纸裁剪成想要的形状，在上面写写画画吧！

这是什么原理呢?

　　要生产全世界一天用的纸,需要砍伐至少 1200 万棵树。树木是维持生态系统平衡的重要生产者,除了可以释放出生物呼吸所需要的氧气外,还可以吸收大气层中的二氧化碳。除此之外,树木还具有调节地球温度、防止水土流失等作用。将废纸回收再利用,可以减少树木的消耗,从而保护生态系统。纸最多可回收再利用 10 次,所以不要将纸类物品跟其他垃圾混在一起丢弃、掩埋或焚烧,我们应在日常生活中养成将纸分类回收的习惯。

♻ 废纸回收再利用的过程 ♻

❶废纸的分类和回收
将纸按照报纸、牛奶盒、纸箱、笔记本等种类来分类。分好类的纸被垃圾回收车收走后,提供给工厂。

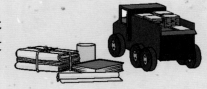

❷纸浆和制纸
为了将废纸做成再生纸,需要将废纸和水、药剂一起搅拌,把废纸分解成纤维,再去除残留的墨水和其他杂质。经过上述步骤做成的纸浆,再经过脱水、抄纸、压平、干燥等步骤,就能被做成大张的再生纸。

❸裁切
大张再生纸按照不同用途被裁切成适当大小后,就成了日常生活中使用的纸。

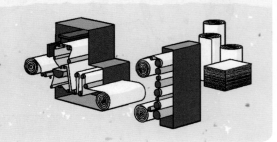

第二部

虾与鹈鹕的对决

好，现在——

国际奥林匹克实验的
第一场决赛，

终于开始了！

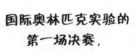

比赛现场

美国A队和罗马尼亚队的对决即将开始。

欢呼声四起

个人练习室 B

个人练习室 F

决赛要开始了!

紧张

欢呼声

39

决赛的场地，怎么会跟预赛的场地一模一样啊？

对呀！

嗯，外观上来看的确一模一样。

静静地看吧！

我只是好奇才这么说。

那么，现在公布今天的比赛主题。

嗯？

为什么没事先公布主题呢？理论竞赛又是什么时候开始？

这次决赛的主题全部为临场抽取。我们从物理、生物、化学和地球科学这四大领域中提前筛选出20个主题，放在这个抽签箱里……

物理	生物	化学	地球科学
1 2 3	6 7 8	11 12 13	16 17 18
4 5	9 10	14 15	19 20

决赛开始前1小时，我们会在所有监督人员面前抽出当日的决赛主题。

今天的决赛主题……

提前1小时，是为了让各队按照主题进行相关准备。

啊？决赛的方式不是在理论竞赛后各自决定主题实验，而是依照指定的主题进行实验？这样好像更简单呀！

……

黑

第二项实验与第一项实验之间肯定有某种关联。

虽然第二项实验也很重要，但目前的首要任务是完成第一项实验。

点头

当然首先要做好第一项实验才行。不过……

不过？

这我也知道，但是……

但是？

最优的生态环境是什么？

完美的生态系统又是什么？

看来是要打造适宜鱼类生存的环境！

这边又倒入了含肉眼难以看到的微生物的东西……

那是什么呀？美国队真是冠军候选队伍吗？

超失望

啊——罗马尼亚队选择的主角生物是那个呀！

主角生物！

鹈鹕！

那不是鸟吗？而且还是下颌超大的鸟！

是吃东西时喉囊会拉长变大的那种鸟吧？

鹈鹕？

叫什么名字呢？

哇

对，而且还是鹈鹕科中的白鹈鹕！白鹈鹕的栖息地因为环境污染而遭到破坏。打造出这种生物的栖息环境，并不是一件容易的事……

但是，那只鹈鹕只是模型呀！我反而对美国队的实验更有兴趣！

两队的实验方向好像完全不同。如果说美国队做的是用活的动物来验证生态系统的观察型实验……

那么，罗马尼亚队做的则是用模型来展现的与生态有关系的展示型实验。

观察

观察蚂蚁

模型

蚁穴

嗯? 生产者和消费者?

那个是商人与消费者!

东西在这里。

钱在这里。

蒙

生态系统的组成成分有非生物的物质与环境、生产者、消费者和分解者。

锵锵

生产者大部分是像绿色植物、藻类等能通过光合作用自行合成有机物的生物。

消费者是无法自行合成有机物的生物,主要指以其他动物或植物作为食物的动物。

分解者扮演着分解动植物遗体和排泄物的角色,大部分细菌和霉菌都是典型的分解者。

所以……那个小小的鱼缸内就包含了生产者、消费者和分解者吗?

对呀，仔细观察一下鱼缸。

作为生产者的水草会通过光合作用产生氧气，供给虾呼吸，同时，虾也会把水草当作食物。

虾是通过消耗鱼缸内的氧气和水草来满足自身有机物需要的消费者。

而作为分解者的各种微生物会分解虾蜕下的壳、排泄物等，把它们转换成生产者所需要的物质。

鱼缸内还包含了水、氧气和水温等会对生物造成影响的环境因素。

也就是说，那个鱼缸内的生物互相影响，反复进行生产、消费和分解。

那么，真的不用给虾食物，也不需要换水吗？

真了不起！

呼
呼
呼

盖

啊！

虾不动了！

这是怎么回事？

出了什么差错吗？

换只虾试试看吧！

不行，虾也需要时间来适应新环境，而且如果放进其他虾后出现一样的情况，只会让这个实验变得更难堪。

但是它有可能因为无法适应环境而死掉啊！

万一真的出现这种情况，我们的实验……

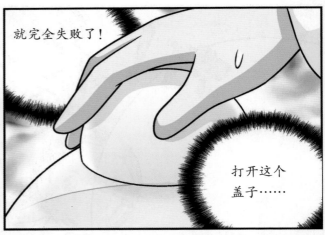

就完全失败了！

打开这个盖子……

就等于承认我们失败了！

咕噜

虾又开始动了！

活蹦乱跳

真是万幸！

60

虾又变活跃了！

刚刚大概是因为环境突然改变而受到惊吓了吧！

我们才更受惊吓呢！

我就说嘛，我在电视里看到过在从没换过水的玻璃瓶内生存了50年以上的鸭跖草，

鸭跖草

不可一世

因为那个玻璃瓶内是一个拥有水、空气和养分的、可持续循环的完美生态系统。

我们也构建了一个完美的生态系统！等级跟那种光用模型来展现生态系统的模型实验是完全不同的！

规模再庞大的实验，不也会出现一旦了解内容就令人感到索然无味的情况吗？

真了不起，清晰的食物链一览无余。

嗯……

但是生态系统中若只有一条食物链的话，会非常危险。里面只要有一种生物大量死掉或灭绝，就会让整个生态系统崩溃。

对呀，食物链越复杂，生态系统就越稳定。

食物链

即使某种生物数量突然大幅减少或消失，生态系统的平衡也不会那么容易被破坏。

转

没错，由多条食物链组成食物网的生态系统不会轻易崩溃。

63

改变世界的实验——"生物圈2号"

    1987年，人们在美国亚利桑那州的沙漠里建造了一个名为"生物圈2号"的微型人工生态循环系统（Biosphere 2）。人们考虑到，若地球上的环境污染日益严重，总有一天任何生物都无法在地球上生存下去，为了探索人类未来在月球或火星上生存的可能，人们便进行了这项"生物圈2号"实验。

    "生物圈2号"实验基地占地约12800平方米。巨大的、封闭的玻璃温室内部建造有热带雨林、海洋、沙漠、湿地等自然环境，还有大约4000种生物，构成了一个平衡的生态系统。1991年，8名研究员首次进驻"生物圈2号"进行农耕、养殖等活动，展开人工生态系统实验。但最后这个实验却因为氧气不足和生态系统失衡而宣告失败——当天气持续阴沉导致阳光不足时，植物就无法制造出足够的氧气，同时，"生物圈2号"的混凝土结构会消耗氧气，泥土中的微生物也会消耗大量氧气；而密闭环境内部的氧气量一旦减少，就会造成动物数量减少、植物的生长、受精难以完成、二氧化碳增加等一连串的恶性循环。

"生物圈2号"的内部
实验结束后，目前所有实验地区都已开放供人们参观。

    虽然这次实验以失败告终，人们却更加深刻地领悟到保护生态系统平衡的重要性，因为事实证明，地球目前仍是人类唯一可生存的星球。

博士的实验室 1

博士先生！对不起，我迟到了。

这次出去春游最重要的食物都在你那里，你居然还迟到！

来这里的途中，遇到刚结束冬眠的松鼠，聊了一下去年冬天的事情，所以……

好奇怪哟，我们家鼠虽然跟松鼠都属于啮齿类动物，我们却不用冬眠。

是因为我们住在人类附近，即使在冬天，也找得到食物和温暖的住处吗？

可以这么说，但是……

朋友们，好久不见呀！

多话的猫们也不冬眠，还一直跑来骚扰我们，也是原因之一！

跟我聊一下天好吗？

猫真的很烦。

在天气寒冷、食物不足的冬天，动物会采取各式各样的方法来适应环境，应对冬天。

狐狸　熊　松鼠　乌龟　蛇　刺猬　青蛙

像青蛙和蛇这样的变温动物（冷血动物），缺乏自我调节体温的能力，所以要躲在温暖的洞穴或地底深处冬眠，以度过寒冷的冬季。

恒温动物中的蝙蝠、松鼠和熊等，因为在冬天很难觅到食物，因此会减少活动，借着冬眠来降低热量的消耗。

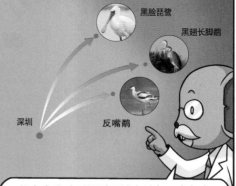

黑脸琵鹭

黑翅长脚鹬

反嘴鹬

深圳

候鸟会移动到温暖区域去过冬，来年春天来临时再飞回来。为了度过寒冷的冬天而飞到南方的黑脸琵鹭、黑翅长脚鹬、反嘴鹬等是典型的冬候鸟。

第三部

情势逆转

多瑙河三角洲

多瑙河……

指的是发源于德国的那条河吗？

点头

没错，多瑙河发源于德国，干流流经奥地利、斯洛伐克、罗马尼亚等欧洲国家，是欧洲第二长的河流。

德国　斯洛伐克

奥地利

罗马尼亚

多瑙河

欧洲许多国家的首都都位于多瑙河附近，各国还曾经为了争夺这条河的所有权而发动战争。

奥地利的作曲家小约翰·施特劳斯的知名圆舞曲《蓝色的多瑙河》，就是以此河为背景创作的。

嗯

原来如此。拥有如此重大意义的地方，其生态系统也应该会受到妥善保护吧！

这正是那个实验的核心。

嗯？

后来……

按

罗马尼亚为了让多瑙河三角洲恢复到污染前的状态，开展了生态恢复工作：拆除阻止河水流动的堤坝，让河水恢复自然流动，还与沿河各国一起设法改善水质，终于让多瑙河恢复到如今的面貌。

什么？

沙沙

多瑙河三角洲由无数的湖泊和沼泽组成，是欧洲境内最大且生态保护最好的三角洲。

肥沃的土壤孕育出苍郁的原始森林。

沼泽里的丰富的生物种类成为生活在多瑙河附近的多种动物的宝贵食物来源。

广阔的沼泽可以净化水质，为各式各样的鱼和鸟提供合适的栖息环境。

现在多瑙河三角洲成为曾经因生态系统遭到破坏而濒临灭绝的白鹈鹕的主要栖息地之一。

人类也只不过是生态系统中的生物之一，无法在崩溃瓦解的生态系统内安全地生存下去。

是利用白鹈鹕来展现多瑙河三角洲现在的面貌呀！

真的吗？

虽然你嘴上这么说，但我知道你也认同实验所蕴含的价值，就如同你的内心一样。

咦？这句话是什么意思……

评审委员会主席走上台了。

首先公布第一项实验的分数。

第二项实验呢？

第一项实验分数为三位评审人员给出的分数之和，满分为90分。

给出的分数之和？

满分为90分？

首先是美国A队的得分。

实验态度为8分、7分、7.5分,

实验内容为8分、8.5分、8分,

实验报告为8.5分、8.5分、9分。

接下来是罗马尼亚队的得分。实验态度为8分、8分、8.5分,实验内容为8分、8分、8分,

实验报告为8.5分、8.5分、9分。

两队总分分别为——

两队都可凭借这项实验来获得附加分数。

紧张

鸦雀无声……

实验主题为"改善对方的生态系统"。两队互相交换位置，观察对方的生态系统10分钟。

观察结束后，请找出对方生态系统的不足之处，进行汇报。添加1项改善条件最多可以加2分，以5项条件为上限。

轰隆！

改善对方的生态系统？

找出5个缺点的话……

最多可以再加10分！

足以扭转第一场比赛的结果了！

因为两队第一项实验的分数差距不到10分。

闹哄哄

闹哄哄

没错，真正的决赛现在才要开始！

紧张

轰隆！

就理论来看，完美无缺。

但是这个鱼缸内的食物链太单一了呀！要不要添加其他生物呢？

对呀，为了确认其他生物是否也能在其中存活，放入一些小鱼试试看吧！

我去拿一些可以放进鱼缸的小鱼吧！

不行！

为什么？

愣住

仔细看！

美国队的实验主角是虾，若将鱼类放入这个鱼缸内，有可能让虾面临生存危机：首先，可能导致鱼缸内的氧气和食物不足；其次，虾在蜕壳[1]期间相当脆弱，有可能受到鱼类的攻击。

消费者

消费者

不……不要靠近我！

是食物哟！

我正在蜕壳！

一定很美味！

是吗？

而且与虾相比，鱼类对食物和温度这类环境因素更为敏感，可能无法顺利地适应环境。

当初选择虾是有原因的呀！

生态系统的组成看似简单，实际上……

生物与环境因素关系密切且相互影响。

比想象中还难哟！

一定要找出来！

注[1]：蜕壳又称蜕皮。许多节肢动物（主要是昆虫）和爬行动物在生长期间一次或多次蜕去体外的壳的现象。比如虾。

如果找不到可以改善的地方，就无法在这场比赛中获得胜利！

这个水槽内有蚯蚓、蛇、蘑菇，该有的都有了。

所以对我们来说更有利吧？

就像真的生态系统一般，各种生物生活在其中，所以即使增加了某种生物也没关系。

那么，既然里面有水獭，加入属于同科的黄鼠狼怎么样？

不对！

既然添加种类相似的生物，也不会让生态系统产生任何变化，不就等于我们添加的生物根本不会对生态系统造成任何影响吗？更别说改善这个生态系统了。

原来如此！

如果不能对生态系统产生积极影响，就无法加分。

点头

是我们想得太简单了。

这里肯定还需要某种生物！组成稳定的生态系统不可或缺的东西！

在这个鱼缸生态系统中扮演重要角色的东西！

哦哦哦哦!

再怎么努力看，都看不到缺点！

不是用眼睛，应该用脑子！

比想象中还难呀！

对呀！

嗯……

第二项实验的真正意义，不是找出对方的失误或缺点。

是什么？

只有想办法理解并掌握对方的实验意图，才能找到这个问题的答案！

什么意思……

第一场比赛的主题不是构建完美的生态系统吗？我们就基于这个主题来集中思考，试着构建出比现在更稳定的生态系统吧！

要怎么做呢？

那就是利用生态金字塔！

萝卜种子发芽实验

实验报告

实验主题	通过探究合成清洁剂和稀硫酸对萝卜种子发芽造成的影响，来探究环境污染对生态系统造成的破坏。
准备物品	❶水 ❷合成清洁剂溶液 ❸稀硫酸 ❹培养皿 ❺萝卜种子 ❻滤纸 ❼滴管 ❽镊子 ❾实验用手套 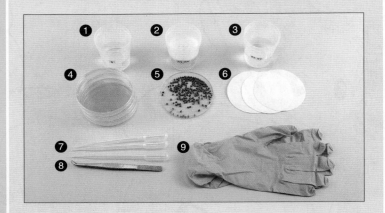
预期结果	1. 在滴入合成清洁剂溶液和稀硫酸的培养皿中，萝卜种子不会发芽。 2. 滴入水的培养皿中的萝卜种子全部发芽，顺利长大。
注意事项	1. 一定要戴着实验用手套，避免让合成清洁剂溶液和稀硫酸直接接触到皮肤。 2. 每天都在同一时间观察和记录萝卜种子的变化情况。 3. 实验期间要让滤纸维持湿润状态。

❶ 在3个烧杯内分别倒入水、稀硫酸，以及水与合成清洁剂按1:1的比例调配成的合成清洁剂混合溶液。

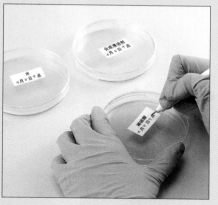

❷ 在3个培养皿的标签上分别标注每种溶液的名称和实验日期。

❸ 将滤纸铺在培养皿内，再利用滴管滴入培养皿上标注的溶液，让滤纸呈湿润状态。

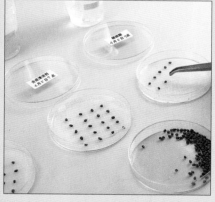

❹ 在步骤❸的培养皿内分别放入相同数量的萝卜种子，盖上盖子并放置在温暖的地方。之后一周内，每天分别比较和记录培养皿内发芽的种子数。

实验结果

1. 自实验第二天起，滴入清水的滤纸上的萝卜种子开始发芽，实验第五天，种子全部发芽。
2. 滴入合成清洁剂溶液的培养皿内的萝卜种子也会发芽，却无法健康生长。
3. 滴入稀硫酸的培养皿内的萝卜种子一颗也没发芽。

  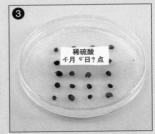

发芽的萝卜种子数							
	1天	2天	3天	4天	5天	6天	7天
水	0	3	10	16	20	20	20
合成清洁剂溶液	0	0	0	1	5	5	5
稀硫酸	0	0	0	0	0	0	0

这是什么原理呢？

实验中使用的合成清洁剂溶液与稀硫酸，都是日常生活中常被排放到大自然中的污染物。合成清洁剂溶液与稀硫酸会伤害萝卜种子，导致萝卜种子无法顺利成长乃至无法发芽。

家庭中日常使用的洗洁精、沐浴露和漂白水等合成清洁剂，会污染土壤与水质。工厂排放的废气，因常含有二氧化硫等化学物质，所以会污染空气。当某地的水和空气遭到污染，在这里生存的生物的生命健康就会受到威胁。而受到污染的土壤会使植物无法顺利生长，造成植物数量减少，从而导致动植物的食物链崩溃，最终导致整个生态系统失去平衡，而人是生态系统中重要的一员。总而言之，环境污染不仅会破坏生态系统的平衡，也会对人类的生活造成不良影响，所以在日常生活中要尽量减少污染物的排放。

今天要大扫除，打造出明亮的家！

先扫，再掸，再擦！

加油

干劲十足

吃个不停

天哪，怎么会这样？居然有蚂蚁跑进家里了！

顿住

你说什么？蚂蚁？

惊讶

在山上或田里靠吃昆虫维生的蚂蚁居然移居到我们家了，那说明我们家附近的环境已经遭到破坏！

没时间说这些了，现在要尽快让遭到破坏的生态系统恢复原样！首先要找出原因……

博士，我找到原因了。

开门

这一切都是博士撒出来的饼干造成的！

幸好！幸好！

人们修建道路或堤坝、使用杀虫剂、肆意猎捕和伐木等举动，都会对环境造成影响，破坏生态系统。

开山辟路破坏了动植物的栖息空间。

农药造成土壤污染和水污染。

让遭到破坏的生态系统恢复到破坏前的状态，叫作生态恢复。科学家们不断调查和分析生态环境、物种、食物链等因素，从中寻找让生态系统复原的方法。

河川生态恢复前后

生态恢复的过程不仅十分漫长，还需要付出很多努力，所以应该在生态系统遭到破坏之前，做好环境污染的治理和预防工作。

减少厨余垃圾

吃多少就准备多少！

使用标示可回收的产品

打印纸双面使用

交换闲置的物品

第四部

真正的对决

99

嗖

闹哄哄

嗖

闹哄哄

时间好像太短了。

罗马尼亚队只找到了两项。

好，现在请各队汇报你们找到的添加条件，并说明添加的原因。

首先是罗马尼亚队。

好，我们在美国A队的实验中添加了三项条件。

首先是能够作为虾的栖身处的海螺壳，接着是可以去除鱼缸内壁藻类的水蜗牛。

怎么会是三项呢？不是只有两项吗？

最后一项改善的不仅仅是鱼缸内的光合作用，还有获得氧气的途径，

接下来请美国A队汇报。

嗖

我们在多瑙河三角洲生态系统中添加了三项条件。

分别是白尾海雕、欧亚猞猁和赤狐。

白尾海雕

欧亚猞猁

赤狐

鸦雀无声……

什……什么?

在这种规模的生态系统里，就只找到三项吗？这样只是增加了里面原先没有的动物吧？

议论纷纷

这样做可以加分吗？

三项的话……6分？

如果两队都加了6分呢？

美国队只要再多找到一项就能反败为胜了……

两队各加6分的话，就是80.5比79，也就是罗马尼亚队获胜。难道美国队……

嗯……

就这样输了吗？

议论纷纷

为了评定两队实验的分数，我们会开会讨论……

请等一下！

我对对方提出的添加条件有意见。

请说。

好。

我们的实验主角是白鹈鹕，

所以构建了最适合鹈鹕生存的稳定生态系统。但是，美国队新添加的生物，却属于会吃掉鹈鹕的卵和雏鸟的三级消费者，因此，鹈鹕并无法安稳地生活在美国队改变后的生态系统中。

不对，正好相反。

如果少了我们新添加的生物，白鹈鹕反倒有可能陷入更危险的处境中。

什么？

如果少了三级消费者，属于二级消费者的水獭或鸟类会因为缺少天敌而数量增加，导致它们的食物——一级消费者的数量日益减少。

到头来，白鹈鹕会因日益激烈的食物竞争而离开多瑙河三角洲。

三级消费者

二级消费者

一级消费者

紧张

真的会这样吗？

紧张

好像是呢！

想要维持稳定的生态系统，就必须让生物的种类和数量达到平衡，因此，被当作食物的生物数量必须要多于其捕食者。

哑口无言

稳定的生态系统

不稳定的生态系统

三级消费者

二级消费者

一级消费者

生产者

以生产者——植物为食的食草动物是一级消费者，以一级消费者为食的食肉动物是二级消费者。属于最后阶层的消费者则是三级消费者。阶层越高，生物种类和个数也越少。

生态金字塔！

即使是真正的多瑙河三角洲，也是因为拥有这三级消费者，才能维持稳定的生态系统。

怎么可能？他们不仅准确地掌握了实验的目的，连我们的疏忽之处也找出来了！还是在10分钟内！

接受对方的意见吗？

嗯……

没关系，即使如此，我们还是领先呀！

……

我们也对另一队的添加条件有意见。

这项实验，是模仿美国国家航空航天局（NASA）的生态球实验而进行的。

"生物圈 2 号"实验

仿真的火星生存基地

生态球

在生态球实验中存活了十年的虾

生态实验，是一项打造出与外界环境隔绝的人工生态系统，观察虾是否能在内部生存下去的实验。罗马尼亚队没有正确理解我方的实验意图，所以才会打开鱼缸的盖子。

美国队的实验是为了打造出"第二个地球"吗？

惊呼声响起

惊讶

好了不起的实验！

全然不知。

罗马尼亚队没能理解这个实验的目的。

要是知道的话，又怎么会打开鱼缸的盖子呢？

我们实验的另一个重要目的，就是观察地球生态系统的组成因素……

以及活着的生物之间的关系。

惊呆

生物之间的关系，莫非……

蜗牛也不行？

水蜗牛的确可以让鱼缸内的环境变干净，但是……

水蜗牛有可能导致虾的氧气和食物不足。

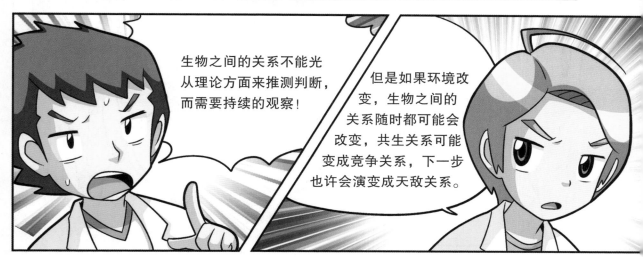

生物之间的关系不能光从理论方面来推测判断，而需要持续的观察！

但是如果环境改变，生物之间的关系随时都可能会改变，共生关系可能变成竞争关系，下一步也许会演变成天敌关系。

这……

犹豫……

报告完毕!

那么，互助的共生关系，也有可能会演变成天敌关系——其中一方成为另一方的食物吗？

一片骚动

但这都只是猜测而已呀！

这样还能得到分数吗？

好的，现在公布第二项实验的得分。

美国A队 79 分，罗马尼亚队 78.5 分，决赛第一场是美国A队获得胜利！

啪

美国A队	罗马尼亚队
79	78.5

哇哇哇

结果是美国A队赢了。

美国A队反败为胜！

欢呼声

呵呵

不愧是汤玛士，果然实力强劲！

呵呵

罗马尼亚队被淘汰了。

雍生

所以说呀，干吗半夜不睡觉到处跑来跑去呢？要不是身心疲惫，也许就能更集中精神在比赛上！

对吧？心怡，你也……

嗯？

嘿嘿

弗拉德，
你还站在那里干吗？

我们走吧。虽然有点儿遗憾，但是比赛结束了。你不是好几天都没睡了吗？现在该好好休息了。

嗯……

再等一下……

我想再看一下我们的实验。

好啊！其实我的心情也跟你一样。

虽然比赛输了，但是能向大家介绍我们的美妙大自然，也很满足了。

缓缓走去

嗯……这是一项很棒的实验。

开门声

预料之中的结果。

嗯，没有爆冷门。

不对，这次比赛的结果爆冷门了。

我们进行实验练习来备战决赛吧！

好的，老师。

实力比冠军候选队伍美国Ａ队弱很多的罗马尼亚队，在比赛中却只输了0.5分。

打破了美国Ａ队会轻松获胜的预想。

啊，肚子好饿，看来集中精神更容易肚子饿呀！

我们走吧！

......

......

啪嗒

啪嗒

怎么觉得少了点儿什么......

快饿死了！快让开！

我先去帮你们占位子！

是少了这个吗？

咕噜噜

咕噜噜

呃......对...

小宇怎么这么安静？

蒙

啊，心怡……

噬

安静一点儿，心怡累到
睡着了，不要吵醒她！

你们自己先走吧！
快点儿离开这里！

知道啦，真受
不了你。

挥手赶人

认识环保认证标志

随着各种产品的生产和使用，人们的物质生活日益充实，但是产品在生产、运送和使用的过程中所形成的废物、废水、废气等环境污染物也随之出现。政府为了减少日常生活中污染物的排放，出台了各种环保认证制度。各企业努力制造出可获得环保认证的产品，消费者可凭借产品上的标志信息了解产品的生产、使用、废弃过程中所使用的资源和所产生的污染物，一起努力减少环境污染。

环境标志

国家使用环境标志的最终目的是保护环境。环境标志可以告诉消费者哪些产品是无损于环境的，可以引导消费者购买、使用这类产品。环境标志还可以通过消费者的选择和市场竞争，引导企业自觉调整产品结构，使企业采用环保材料工艺生产对环境无害的产品。

中国环境标志是一个由中心的青山、绿水、太阳及周围的十个环组成的图形。图形的中心结构代表人类赖以生存的环境，外围的十个环紧密结合，环环紧扣，代表公众参与，共同保护环境；同时十个环的"环"字与环境的"环"同字，其寓意为全民联合起来，共同保护人类赖以生存的环境。

水效标识

为推广高效节水产品，提高用水效率，推动节水技术进步，增强全民节水意识，促进我国节水产品产业健康快速发展，国家发布了《水效标识管理办法》。例如洗衣机、坐便器、净水机等，只要产品符合规定，就会根据节水等级颁发水效标识。消费者只要根据水效标识选购适合自己需求的节水产品，就能在不影响使用效果的前提下，达到高效节水的目的。

节能标志

为建构国内高能源效率的消费环境，国家经济贸易委员会牵头组织并领导中国节能产品认证管理委员会，对符合相关的节能认证要求的产品颁发节能认证。引导消费者优先选用，进而积极鼓励厂商研发生产高能源效率产品。

"节能标志"产品代表着高能源效率，也就是说，在同样功能条件的使用状态下，"节能标志"产品可以消耗较少的能源，消费者只需负担较低的能源费用，尤其是对高耗能、长期使用的产品而言，节能产品有着更显著的优势。选购产品时，可别只比较价格哟！

低碳标志

造成全球变暖的原因有很多，主要原因是人类活动所排放的温室气体导致地表增温，并阻止地表热量向外散发，从而形成温室效应。这些温室气体包括二氧化碳（CO_2）、甲烷（CH_4）、氧化亚氮（N_2O）、六氟化硫（SF_6）、全氟碳化合物（PFCs），以及氢氟碳化物（HFCs）。

碳足迹（Carbon Footprint）是各组织、机构、个人以及各项活动、产品等在报告期内引起的各项温室气体排放的集合。相较于一般大家了解的温室气体排放量，碳足迹从消费者端出发，破除所谓"有烟囱才有污染"的观念。建议消费者优先选购具有低碳标志的产品，这样可以为减缓全球变暖做出贡献，同时达到全民绿色消费的目的。

【注】数据源：中国水效标识网 http：//www.waterlabel.org.cn
浙江省机关事务管理局网 http://jgswj.zj.gov.cn

第五部

特别命令

虽然肚子很饿，但是看心怡这么累，实在不忍心叫醒她。

这才是一个绅士应该做的！

我怎么也有点儿困了……

莫非是因为我？

不是，不是这样……

我的面包！

突然！

吓一跳

啊，心怡，你醒了啊？

嗖

嗯……

小宇，你是为了我才留在这里的吗？

不是啦，我自己也很想睡觉。不过，你肚子不饿吗？

我们去吃饭吧？

不用了，我……

噜噜噜 噜 噜 噜 噜 咕

怎么办？怎么偏偏在这种时候肚子咕噜咕噜叫？

摇晃

惊愕

心怡，你也听到我肚子发出的咕噜声了吧？我现在好饿！伙伴们大概也在等我们过去吃饭。

那个是……

咕噜噜噜

我们赶快走吧！

走吧！

小宇，谢谢你。

开门声

嗯！

餐厅在这个方向！

嗯。

塔塔

范小宇最想去的地方是……

条条道路通餐厅！

大快朵颐

稍后餐厅见！

点头

塔
塔
塔

决赛方式既然已经公布了，我们要做好万全准备才行。

没错。

塔
塔
塔

不过居然要进行两项实验。

其实不然，看起来是两项，归根结底还是一项实验。

说的没错，因为比赛形式是完成一项实验，然后再证明那项实验。

塔
塔

在决赛中，光完成自己的实验是不够的。

嗯，还要理解对方的实验才行。

大家都在分析第一场决赛！

答答

罗马尼亚队的实验虽然很完美，但他们对美国A队的实验的理解却不足。

嗯，决赛似乎更残酷了。

什么？残酷吗？

对呀，光凭运气或对方的失误是绝对无法获胜的，想获胜就必须突破自身的实力极限。

惊吓

实力极限？

那弱队岂不是更没希望？他们连"极限"都很少能到达呢！

顿住

嗯？
伊丽莎白？

伊丽莎白，你为什么在这种地方睡觉？

睡眼惺忪

我看起来像是在睡觉吗？

对……
对呀……

我很挑剔，不是那种在任何地方都睡得着的人，更何况是在这么吵闹的地方……

哈欠

绝对……

一点

一点

睡着了？

我们去申请实验物品的时候，伊丽莎白又打瞌睡了。

那个……伊丽莎白一直处于这种状态吗？

嗯，听说昨夜整晚没睡。

说什么幽灵……

幽灵？

伊丽莎白本来就胆子小，一提到幽灵就会失去理智。

原来如此……

伊丽莎白，醒醒，我们该去练习了。

啊！

不要叫醒她，让她稍微休息一下吧……

好舒服呀!

今天真是幸运的日子,你们不觉得吗?

呵 呵

为了找你,我们绕了比赛会场两圈,这算什么幸运的日子?

可是……

我跟心怡两人单独用餐聊天时,心怡说她讨厌吃豆芽,怎么连挑食都这么可爱啊!

不想再跟你说话了!

这是关于今天第一场决赛的分析资料，听说是老师整理的。

谢谢。

· 实验主题会在赛前抽签决定。
· 根据主题准备好实验物品。
· 没有理论竞赛。
· 实验得分为各评审人员的评分总和。
· 第一项实验的得分公布后，才会公布第二项实验的内容。

第二项实验是伏兵，这种难度的比赛只有强队才能坚持下来吧？

突破自身的实力极限……

这就是比赛的目的。

老实说，我们队的实力不是很弱吗？若是光凭实力来判定结果……

我们赢得了中国A队吗？

冒出

当然可以！

喂!

吓我一大跳!

呵呵呵,只要我们同心协力,就可以战胜任何人。

嘿嘿

看完今天的比赛,还说得出这种话吗?罗马尼亚队虽然表现得很好,结果还是输了呀!

可是,若是决赛方式跟预赛一模一样,罗马尼亚队会更处于劣势,因为实力差距将会更加明显。

嗯?

但是今天的美国队却差点儿遭到淘汰。我就是看了今天的比赛,才更觉得我们绝对能打败对方的。

帅

没错!就像小宇所说,我们也许能突破自身的实力极限。

愣……

你这份自信到底从何而来……

我出门喽！

天黑了，你要去哪里？

去保护心怡！

啪

呵

你说什么？等一下！你又想闯什么祸……

别担心！

砰！

我呀，是保护心怡的绅士！

嗒嗒嗒！

嗒嗒

心怡的房间
大致在这个方向。

应该就是这里了。
心怡说过，房间的窗外
传来了怪声。

肯定是有人在恶作剧。

不过，这高度
对人类来说也
太高了吧……

绝对不可能
是幽灵！

如果是倒霉鬼
就说不定了。

什么呀，
害我虚惊一场！
万一让别人误以为
我是胆小鬼，
该怎么办？

哈哈哈

摊手

沙沙

不过，他的表情还真
严肃，是今天落败的
打击太大了吗？

啪嗒
啪嗒

对了！

他们说那小子
常常跑到某处闲晃，
彻夜不归，
莫非……

走

哗啦

他到底要去哪里？那个方向又没大路，离宿舍也越来越远了。

沙沙

脚步又这么匆忙，像快要飞起来一样！

沙沙沙

啪！

呃。

沙沙沙……

气喘吁吁

沙沙沙……

喘 喘

构建水中生态系统

实验报告

实验主题	观察鱼缸内形成的水中生态系统，理解各种生物所扮演的角色。
准备物品	❶ 鱼缸、热带鱼　❷ 小石子　❸ 除氯剂　❹ 水蕴草 ❺ 小虾　❻ 贝壳　❼ 镊子 
预期结果	鱼缸内的生态系统达到平衡状态，各种生物的生存状态都很稳定。
注意事项	1.没有除氯剂的情况下，需把自来水装在碗中，暴晒一天左右才能使用。 2.鱼缸要摆放在阳光无法直射的阴凉处，藻类才不会大量生长。

❶ 鱼缸底部铺上3厘米厚的小石子，倒入用除氯剂去除掉水中余氯的水。

❷ 用镊子将水蕴草种在小石子中，再放入贝壳。

❸ 放入热带鱼和虾。

❹ 观察已完成的水中生态系统。

实验结果

生活在鱼缸内的生物，各自扮演着生产者、消费者、分解者的角色，维持了生态系统的平衡。

这是什么原理呢？

　　生态系统要维持平衡，生产者、消费者和分解者等生物因素和非生物环境因素都要考虑进去。上述实验中，鱼缸内的水蕴草靠光合作用来产生氧气，并提供食物给作为消费者的热带鱼和虾。水中的微生物扮演了分解消费者排泄物的角色。这个实验中，阳光、水、氧气等，都是会对鱼缸内生态系统造成影响的重要非生物环境因素。

第六部

弗拉德的秘密

啊，是蝙蝠！
蝙蝠！

吱吱吱

挥

挥

挥

哗啦

哗啦

走开！

飞走了吗？

偷偷地

哗啦

哗啦

哗啦

左右张望

嗯？
弗拉德？

唰——

危险！弗拉德！趴下！

勇往直前

唰——

扑上去

砰！

唰

喘

喘

都跟你说很危险了！

是你比较危险……

嗯？

对不起啦，不过要不是我的话，蝙蝠说不定就扑到你身上了。

蝙蝠是能够利用超声波在暗处辨识障碍物的动物，绝对不会撞到我。

哦，这我也知道呀！它们利用超声波碰撞物体时反射回来的波来感知环境。

发现食物

但是，刚才看起来，蝙蝠就像是向你直扑而去！

哗啦

啪

它想要吸你的血！

啊！还没离开吗？居然又回来了，它好像把你当作猎物了！

快躲啊，弗拉德！

闪开

唰唰

哎哟……

扑倒在地

呜呜呜

为什么要躲开我……

咳

哗啦飞来

唰

什么情况？他是在训练蝙蝠吗？

之前还半信半疑，这小子……

该不会是……幽灵？

149

打声招呼，它的名字叫拉拉，很漂亮吧？

紧张

拉拉小姐，你好呀，你长得还真有个性！我想告诉你一件事，那就是我的血一点儿也不美味，请相信我吧！

吱吱

冷汗直冒

拉拉？猪鼻子，小眼睛，稀疏的毛发，再加上长长的指甲……长得好丑！

无言以对

哗啦

大部分蝙蝠是以蚊子、飞蛾这类害虫或植物果实为食。吸血蝙蝠的数量极少，而且它们在吸血时也只会咬出小伤口来吸食血液。

所以拉拉不会吸血，对吧？

嗯，我在预赛第一天发现了受伤的拉拉，本来不想理会，但它却向我苦苦哀求。

我从餐厅拿出来的，快吃吧！

为了照顾拉拉，我研究了蝙蝠的栖息环境，除了替它打造湿度、温度合宜的窝，也会喂它吃东西。

对，不会吸血，而且我已经喂过它水果了。

你喂它吃东西？

它在昨天以前都还不会飞……

啊，原来如此！

因为我有一定要留在这里的理由。

现在它没有我也没关系了。

嗖

哗啦

我要回罗马尼亚了。

再见了，
拉拉！

喂，朋友！

拍

眼泪汪汪

我为之前误会
你而道歉。

误会？

之前，我听人说女生
宿舍的窗外整夜怪声不断，
误以为是你在
恶作剧。

我还以为你要说我是幽灵呢，
因为有很多蠢蛋都这样误会过！

蠢蛋？

扑哧

握拳

啊！

顿住

听到怪声的房间离这片树林很近吗？

嗯，对呀！

点头

我为了让拉拉重新回到大自然，调查过这附近的蝙蝠栖息地。蝙蝠多出没于餐厅屋顶下和湖泊附近的树林里，还有……

嗯？

树林这侧的宿舍的排水管处。如果是哗啦哗啦的声音，肯定是……

蝙蝠在排水管处出没？这样一回想，窗户外面好像就有排水管。

折磨心怡的怪声，就是蝙蝠发出的声音！

轰

要赶快告诉心怡
这件事才行！

这里什么
都没有！

嗖

那里呢？

啪

这里也一样。现在可
以把头灯关掉了吧？

……

好的……

飕

不过，小宇到底跑到哪里去了？既然说要保护心怡，

就该待在心怡的房间附近呀，不是吗？

环顾四周

这样是在浪费时间，我们还是回去吧！

转身

士元，等一下！

既然都出来了，我们就找出那个怪声的源头吧！伊丽莎白好像也害怕到睡不着，白天一直打瞌睡。

伊丽莎白？

她是和我们比赛过的英国B队的王牌！拥有浓密长发、浅浅的雀斑！看起来还很聪明……

你怎么会不知道伊丽莎白呢？

155

窗户外面一定有什么东西，我敢保证！

伊丽莎白！

外面太黑了，应该什么都看不到。

那个，下面……

那道光是什么？是幽灵吗？

不会吧，好像是人……

伊丽莎白，伊丽莎白！是我啦！

光线太刺眼，她们看不到你的！

158

那是……

蝙蝠！

心怡知道
其实是蝙蝠后，
就不会再害怕了。

心怡！我马上
就过去！

159

气喘如牛

嗒嗒

聪明?

嗒

小宇!

那个怪声是蝙蝠发出来的!

这我也知道!但是心怡呢?

嗒

现在蝙蝠飞进房间了,心怡……

啪

心怡!

161

哎哎哎

唰唰

哗啦

浑身颤抖

呼……

士元
抓住蝙蝠了呀!
幸好在无人受伤的
情况下解决了。

不过,既然危机
已经解除……

还不赶快离
心怡远一点儿!

蝙蝠离开了。

不爽

江士元这小子!

真的吗？是你之前一直在照顾的拉拉吗？

满怀期待

什么？拉拉吗？

嗯。

那小子的心思比外表看起来细腻多了呢！

我们终于能见到拉拉本尊了。

传过来了！

这只是你的蝙蝠吗？

这只蝙蝠朝着我飞过来，肯定就是拉拉。

跟拉拉是双胞胎吗？

一定是这只蝙蝠。

难道是这只？

这群蝙蝠当中，一定有拉拉吧？

到底哪一张是拉拉？

这小子在干吗？

看来他拍下了比赛会场附近的所有蝙蝠。

不要再传了。

手机还给我。

还剩下21张！

165

生态系统与环境

生物与其栖息处的阳光、空气、温度等非生物环境因素互相影响、互相制约，共同形成的在一定时期内处于相对稳定的动态平衡状态的统一体称为生态系统。生态系统内的生物不仅会形成复杂的食物网，还会为了更好地生存，进化出各种适应环境的生理特征和行为模式。

生态系统的组成

生产者 草、树木等利用阳光、水、二氧化碳进行光合作用，为消费者提供生存所需能量的生物。

消费者 蝗虫、兔子、老虎等无法自行生产生存所需的有机物，必须靠吃其他生物来维持生存的动物。

分解者 细菌、霉菌等会分解动植物的遗体和排泄物的生物，其分解后的物质也会成为生产者进行光合作用的原料。

非生物环境因素 影响生物生活和分布的环境因素。例如阳光会影响植物的光合作用和动物的繁殖期，水是生物生存所不可或缺的重要物质之一，空气让动植物可以呼吸，泥土不仅是很多生物的生存场所，也为植物提供养分。

生态金字塔

生态系统中的营养级可分成生产者、一级消费者、二级消费者和三级消费者等，若用图形来表示属于各等级的生物数量，则所属等级越高，生物数量越少，形成金字塔状，称为生态金字塔。如右图，最强大的三级消费者占据金字塔顶层，植物等生产者则位于金字塔的底层。在生态金字塔中，下级生物是上级生物的食物。如果生物的种类或数量失去平衡，例如某生物过度繁殖或灭绝，就有可能会导致生态金字塔崩塌。

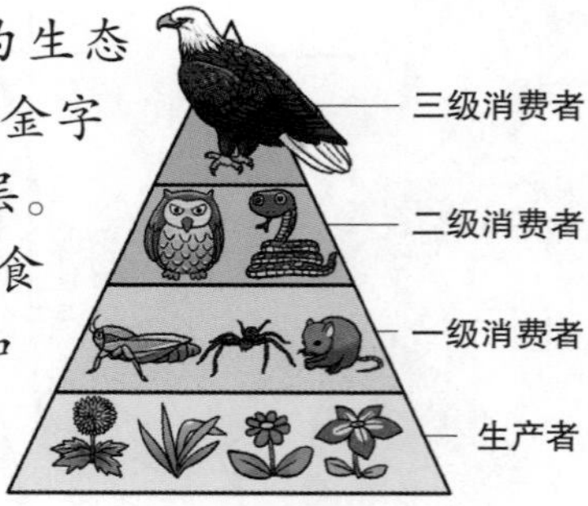

三级消费者
二级消费者
一级消费者
生产者

生态金字塔

食物链与食物网

生态群落的生物之间因吃与被吃所形成的关系。将这种关系依次连成链状，就是食物链。众多食物链会形成复杂的食物网。一种生物不会只以另一种生物为食，所以食物网中各种消费者与生产者之间的关系也就相当复杂。食物网越复杂，单种生物的大量减少或灭绝对其他生物的生存影响就越小，生态系统也就越稳定。

会适应环境的生物

阳光、温度、泥土、空气等非生物环境因素，对生物的生长有重大影响。生物为了能在既有的环境中生存下去，会在漫长的岁月中逐渐改变长相或行为习惯等。生长在沙漠中的仙人掌叶子变成针状，以减少水分蒸发；以夜间行动为主的蝙蝠，在黑暗的环境中寻找食物时，不会依靠视觉，而是利用超声波来感测环境；某些动物的冬眠以及植物在冬季落叶，也是生物适应寒冷冬天的例子。

耳廓狐　体形小，尖尖的嘴巴和耳朵有助于散热。

北极狐　脂肪层厚而体形大，小小的嘴巴和耳朵可减少热量流失。

由于视力不佳，我用超声波探路！

图书在版编目（CIP）数据

生态与环境 / 韩国故事工厂著；（韩）弘钟贤绘；
徐月珠译. -- 南昌：二十一世纪出版社集团，2023.7（2025.3重印）
（我的第一本科学漫画书. 科学实验王升级版；35）
ISBN 978-7-5568-7301-2

Ⅰ. ①生… Ⅱ. ①韩… ②弘… ③徐… Ⅲ. ①生态环
境－少儿读物 Ⅳ. ①X171.1-49

中国国家版本馆CIP数据核字（2023）第068044号

版权合同登记号：14-2021-0129

我的第一本科学漫画书升级版
科学实验王❸❺生态与环境 [韩] 故事工厂/著 [韩] 弘钟贤/绘 徐月珠/译

出 版 人	刘凯军
责任编辑	张爱玲
特约编辑	任 凭
排版制作	北京索彼文化传播中心
出版发行	二十一世纪出版社集团（江西省南昌市子安路75号 330025）
	www.21ccccc.com（网址） cc21@163.net（邮箱）
经 销	全国各地书店
印 刷	江西千叶彩印有限公司
版 次	2023年7月第1版
印 次	2025年3月第5次印刷
印 数	29001～38000册
开 本	787 mm × 1060 mm 1/16
印 张	10.5
书 号	ISBN 978-7-5568-7301-2
定 价	35.00元

赣版权登字-04-2023-171